本书受上海市教育委员会、上海科普教育发展基金会资助出版

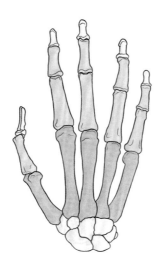

图书在版编目(CIP)数据

手 / 徐蕾主编. – 上海: 上海教育出版社,
2016.12
（自然趣玩屋）
ISBN 978-7-5444-7352-1

Ⅰ.①手… Ⅱ.①徐… Ⅲ.①生物学 – 青少年读物
Ⅳ.①Q-49

中国版本图书馆CIP数据核字(2016)第287996号

责任编辑　芮东莉
　　　　　黄修远
美术编辑　肖祥德

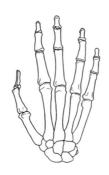

手

徐　蕾　主编

出　　版　上海世纪出版股份有限公司
　　　　　上 海 教 育 出 版 社
　　　　　易文网 www.ewen.co
地　　址　上海永福路123号
邮　　编　200031
发　　行　上海世纪出版股份有限公司发行中心
印　　刷　苏州美柯乐制版印务有限责任公司
开　　本　787×1092　1/16　印张1
版　　次　2016年12月第1版
印　　次　2016年12月第1次印刷
书　　号　ISBN 978-7-5444-7352-1/G·6061
定　　价　15.00元

目录

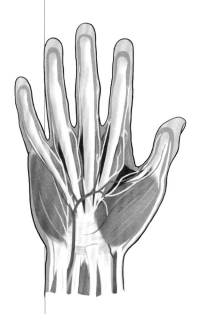

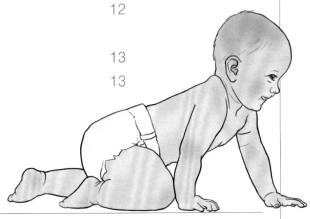

手

手的"密码"

    伸出你的手仔细观察一下，你看到了什么？也许你看到了五根长短不一的手指，也许你注意到了手上的指纹，也许你认为这不过是一双再普通不过的手。可是你知道吗，在哺乳动物中，人类的双手是最精巧灵活的。无论是能与其他手指接触的拇指，还是纹路千差万别的掌纹和指纹，手的每一部分都隐藏着一个进化密码，现在就请你根据不同的"密码线索"，破解手的进化谜题吧！

手

你了解自己的手吗?

各有所长的五指

● 如果有一天，人类的五指变得一样长了会发生什么？也许你的生活方式会随之发生翻天覆地的变化。想想在你的生活中，是不是经常会使用不同的手指来完成不同的事情？

● 用拇指和示指（食指）配合，拿起一粒糖果，这个看似简单的动作却是进化的杰作。我们的祖先——原始灵长类动物，它们的拇指在6000万年前与其他4指"分道扬镳"，拇指变得更长，既能独立运动，又能与其他4指接触，五指功能进一步分化，各司其职。示指方便用来指东西，如果你用中指指的话，在某些国家，你会被告知这是很不礼貌的行为。你的妈妈会把戒指戴在环指（无名指）上，而你的爸爸会用小指来掏耳朵。如果五指变得一样长，人们还能轻松地完成这些动作吗？

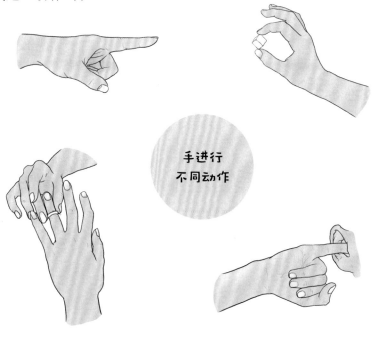

手进行
不同动作

手

数一数

人类的手部是由几块骨骼构成的？

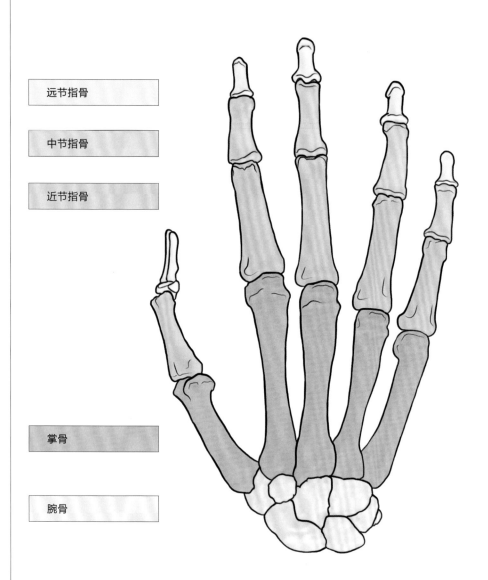

远节指骨

中节指骨

近节指骨

掌骨

腕骨

答案：人类的手上共有27块骨骼，分别是8块腕骨、5块掌骨、14块指骨。除了拇指只有2块指骨，其余4指都有3块指骨。

手

皮肤下的"交通系统"

● 如果你的双手只由皮肤和骨骼组成，它们还能像现在这么灵活吗？看看下面的图片你就会知道，其实在皮肤下，还有许多肌肉、韧带、神经，它们就像一条条或粗或细的道路，将复杂的手骨连接成一体。想动动你的拇指？这就需要9块不同的肌肉在神经的指挥下配合完成。大多数肌肉能控制你的手和腕，手内的小肌肉则能让你的手指向各个方向伸展。

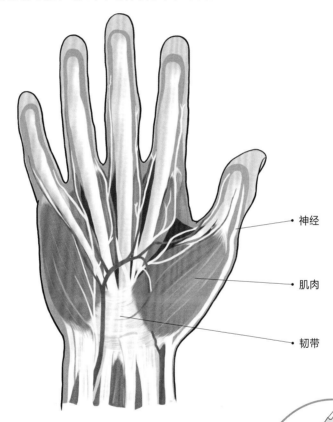

- 神经
- 肌肉
- 韧带

玩一玩

请用你的双手做出如右图的造型，中指始终并拢，看看两手的拇指、示指、环指、小指能分别分开吗？

答案：由于两手的中指和指甲紧接在了一起，所以只能拇指无法分开。

手

指纹身份证

● 指纹就像一个人独一无二的身份证，无论经过多久都不会消失改变，所以在寻找罪犯时，指纹常常起到非常重要的作用。曾经有一些罪犯试图用强酸腐蚀、磨削皮肤等方式来消除指纹，但最终的结果是即使皮肤表面的指纹消失了，皮肤深层的"指纹"依然存在。现在就来了解一下三种不同类型的常见指纹吧!

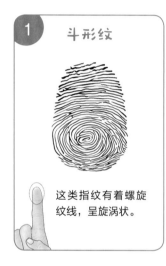

1 斗形纹

这类指纹有着螺旋纹线，呈旋涡状。

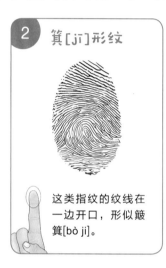

2 箕[jī]形纹

这类指纹的纹线在一边开口，形似簸箕[bò ji]。

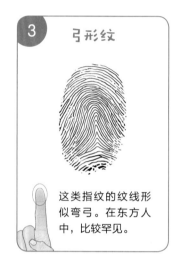

3 弓形纹

这类指纹的纹线形似弯弓。在东方人中，比较罕见。

玩一玩

找出家中的印泥或墨水，将你十指的指纹拓印在以下表格中，

看看你拥有哪种指纹。

我的指纹	拇指	示指	中指	环指	小指
左手					
右手					

我有（ ）个斗形纹，（ ）个箕形纹，（ ）个弓形纹。

手

不同动物的"手"

咦？这些都是灵长类动物的手

● 人类、大猩猩、蜘蛛猴都是灵长类动物，它们的手一样吗？如果仔细观察拇指指节，你会发现蜘蛛猴只有 1 节指节，从外表上看它是没有拇指的。虽然大猩猩和人类都有两节指节，但人类的拇指明显更长，这样才能更方便地拿东西。大猩猩走路时需要用到手，就像下页图里的大猩猩那样，请你模仿一下它走路的姿势，是不是短的拇指更方便？

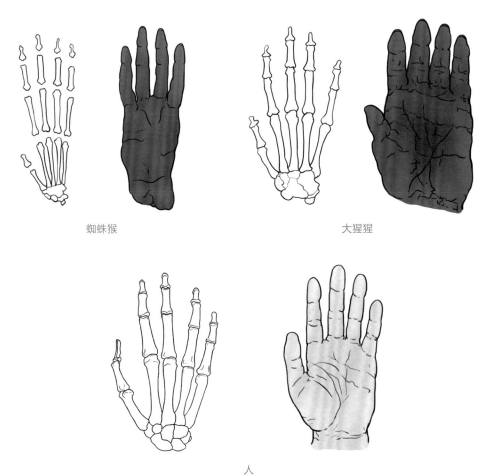

蜘蛛猴   大猩猩

人

手

● 不过当你还是婴儿的时候，你的手也会被用来帮助爬行。

拳行   张开手掌爬行

● 如果身高、体重完全相同的人类和大猩猩进行拔河比赛，你认为谁会获胜？

● 很可能获胜的是大猩猩，因为大猩猩的手具有双重锁定的功能。由于它们手掌较长，指尖能够在与手掌接触处塞入皮肤褶皱中，锁定的手指可以进一步弯曲而被卷入掌部，因此握紧细绳对它们而言完全不在话下。

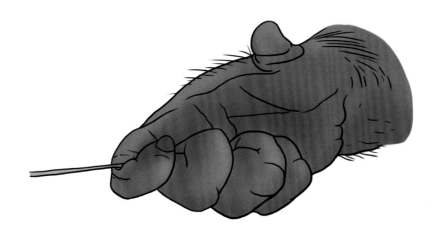

大猩猩的双重锁定手部结构

手

哇！大家的"手"这么相似

● 你相信吗，人类的手、鼹鼠的前爪、马的前蹄、鼠海豚的鳍肢、蝙蝠的翅膀，具有同样的基本结构。很久以前，动物的"手"五花八门，手指数量有较大差异。后来随着不断地演化，许多动物从共同的祖先那儿继承了"手"的特点，因此都长有五根手指。现在就来欣赏不同动物的"手"吧！

■ 蝙蝠

● 蝙蝠的"手"就是它的翼，虽然看似只有一层皮膜，但里面却藏着五根手指。除了拇指骨以外，其他指骨与一些前肢骨骼共同搭起了翼的轮廓，从侧面看，你会发现翼面略微向上凸起，当蝙蝠扇动翼时，翼上层的气流速度比下层的气流速度大，蝙蝠就能获得在空中飞行的升力了。

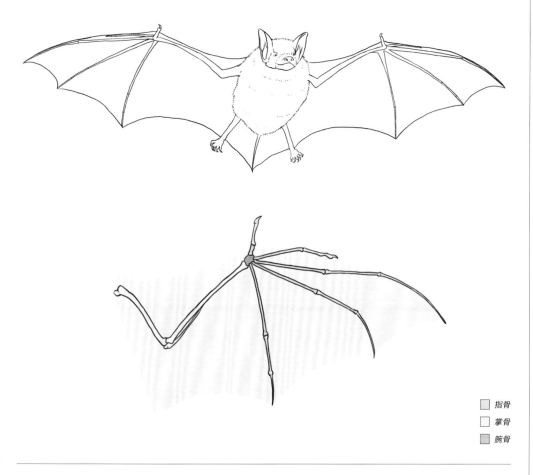

▢ 指骨
▢ 掌骨
▨ 腕骨

手

■ 亚洲象

● 亚洲象要支撑起它庞大的身躯，必定有自己的独门法宝。看看它的"手"，指骨是不是很粗壮？它在地面上迈步行走时就好比踩着弹簧，在它"手"下有一层脂肪与纤维组织组成的"垫子"，可以减缓体重压力。同时，肌腱和韧带能把迈步时的部分能量储存起来，再在迈下一步时释放，因此它走很多路也不会累。

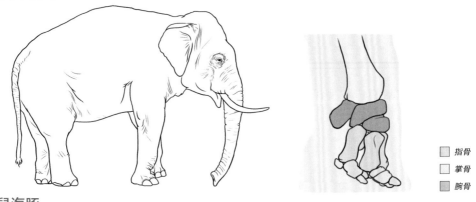

□ 指骨
□ 掌骨
■ 腕骨

■ 鼠海豚

● 鼠海豚的祖先是生活在陆地上的哺乳动物，所以在它的身上也保留了部分特征。看看它的"手"——鳍肢，和鱼类的不同之处在于，鼠海豚的鳍肢是由五根指骨构成的。此外，较长的掌部、增多的指骨节数增加了"手"的面积，让它能在水中游得更快。

□ 指骨
□ 掌骨
■ 腕骨

想一想

这是一个科学家都没破解的难题，为什么大多数动物最终拥有五根手指，而不是四根或六根呢？

手

自然探索坊

挑战指数： ★ ★ ★ ☆ ☆
探索主题： 灵长类手的特点
你要具备： 想象力
新技能获得： 模仿能力、艺术创造力

手影舞

● 请照着图形来"跳"一段动物手影舞吧！方法很简单，用你的双手在灯光下摆出动物造型，一个个栩栩如生的小动物就出现在眼前了。想想看，你还能摆出其他的动物造型吗？

手

拇指功能大比拼

● 拇指究竟有多重要？通过下面的小实验来体验一下吧！

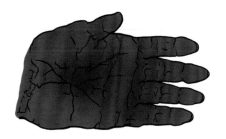 

大猩猩　　　　　　　　　　　　　　　　人

● 现在，请你先找一卷胶带，用它将右手拇指绑起来以模拟大猩猩的手。

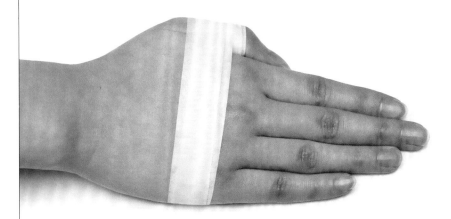

● 接着，试着用"大猩猩"的右手，以及你解开胶带捆绑的右手分别去完成以下动作：

从地上捡起　　　　　打开饮料瓶　　　　　使用筷子夹菜
一支笔　　　　　　　的瓶盖

● 在完成任务后，你发现，＿＿＿＿＿＿的手更加灵活好用。

手

手的艺术

● 随着人类社会的发展，人们开始用手的造型创造一些简单有趣的艺术作品。在一些远古的洞穴中，科学家们发现了人类祖先在山洞中用手创作的图画。

● 请你发挥自己的创造力，创作一幅纯"手"工制作的图画吧！你还可以加入指纹印哦！

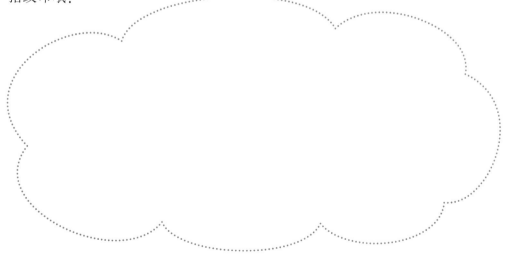

手

奇思妙想屋

手的猜想

● 在上海自然博物馆的"从猿到人"的展区里，有许多代表性灵长类动物的手掌印。将自己的小手与墙上的手掌印进行对比，你从中发现了哪些不同？

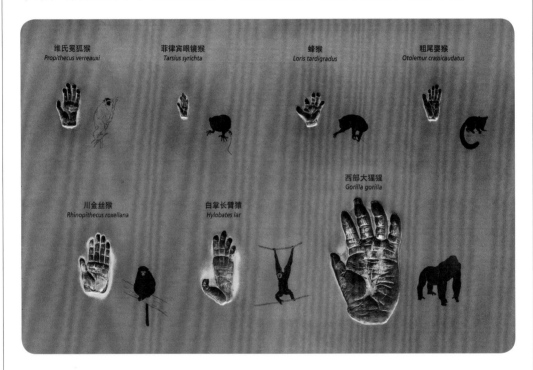

● 不同的灵长类动物为了适应不同的生活环境，手也在不断地进化。请大胆猜想一下，在 1 亿年以后，如果人类还没灭绝，手会发生什么样的变化？请把它画下来，并写出你这么猜想的理由，将它们上传到上海自然博物馆官网以及微信"兴趣小组—自然趣玩屋"，与朋友们一起分享。

手